PETER WOHLLEBEN

Weisheiten aus

DAS GEHEIME LEBEN DER BÄUME

PETER
WOHLLEBEN
Weisheiten
aus
DAS GEHEIME
LEBEN
DER BÄUME
LUDWIG

Inhalt

– 1 –
William Trost Richards
Indian Summer (Altweibersommer) | 1875

– 2/3 –
Johann Heinrich Schilbach | *Waldufer am Königssee* | erste Hälfte 19. Jahrhundert

– 4 –
Julian Alden Weir
Die rote Brücke (Ausschnitt) | 1895

Vorwort

⟨ **Christoph Nathe** | *Ein Wasserfall in einem Wald bei Langhennersdorf* | Spätes 18. bis frühes 19. Jahrhundert

Wälder laden zum Träumen ein

Bäume hätten uns so viel zu sagen, wenn sie denn sprechen könnten, oder besser: Wenn wir sie verstehen könnten. Sie kommunizieren, warnen einander, unterstützen sich gegenseitig, kümmern sich umeinander. Bei allem, was wir heute wissen und beobachten können, schimmert immer stärker das Prinzip der gegenseitigen Fürsorge hindurch.

Der Wettstreit in der Natur, bei dem sich jedes Wesen einen Platz zum Leben erkämpfen muss, entpuppt sich bei genauerer Betrachtung als Fehlinterpretation. Evolution bedeutet nicht, dass sich der oder die Stärkste durchsetzt, sondern vielmehr der oder die am besten Angepasste. Wer sich einpasst in das Ökosystem, mit ihm fließt, es nicht zu stark belastet oder zu seinen Ungunsten verändert, darf dabeibleiben.

Das heißt aber natürlich auch für die Bäume nicht, dass auf individueller Ebene kein Kampf oder Leid stattfindet. Doch erst als große Waldgemeinschaft, zusammen mit Bakterien, anderen Pflanzen, Pilzen, Insekten, Vögeln und Säugetieren sind sie zu großen Taten fähig. Ist es zu heiß, so verdampfen sie über unzählige Blätter Wasser, um sich zu kühlen. Bei Trockenheit erzeugen sie aus dem verdampften Wasser mithilfe von Bakterien und Pilzsporen Regenwolken. Diese echte Gemeinschaftsleistung können wir bei jedem Waldspaziergang wahrnehmen. Sobald wir von der Freifläche unter das Kronendach treten, wird es spürbar kühler. Das liegt nicht nur am Schatten, sondern an dem Kühleffekt des verdampfenden Wassers, der die Temperatur um 10 Grad absenken kann.

Bei einer Wanderung unter Bäumen sinkt unser Blutdruck, und das Immunsystem wird gestärkt, indem wir die Duftbotschaften der Bäume einatmen. Selbst der Vogelgesang hat eine heilende Wirkung auf die Psyche, genau wie die Farbe Grün der pflanzlichen Mitgeschöpfe. Diese heilsamen Effekte können noch über Tage nachwirken.

Die Sehnsucht nach intakten Lebensräumen, nach einem Dasein in Harmonie mit Wald und Umwelt im Allgemeinen ist etwas zutiefst Menschliches und gleichzeitig auch überlebensnotwendig. Diese Sehnsucht nach Ursprünglichkeit und Einklang drückt sich in vielen Gemälden aus, die die melancholische Stimmung alter Bäume und Waldreste inmitten der stark veränderten Kulturlandschaft einfangen. Es war das Zeitalter der Romantik, in dessen Folge nicht zufällig auch erste Schutzgebiete entstanden. Sie wurden nicht nur notwendig, weil in Mitteleuropa fast jeder Quadratmeter Natur in eine Kulturlandschaft verwandelt worden war. Der letzte Akt der Unterwerfung war die Einführung des Kunstdüngers um

1910 sowie der kurz darauf einsetzende Gebrauch schwerer Maschinen anstelle der Pferde.

Somit hielten auch in der freien Landschaft industrielle Methoden Einzug. Letzte große Heidegebiete wandelten sich wieder in fruchtbares, aber ödes Ackerland, und schattige Haine aus Buchen und Eichen wichen öden Nadelholzplantagen, in denen die Bäume dünn, schlank und in Reih und Glied auf ihr Ende im Sägewerk warteten. Das beflügelte zwar die Wirtschaft, schuf jedoch eine emotionale Lücke. Diese Lücke wuchs weiter bis heute, und Fuchs und Hase wissen kaum noch, wo sie sich Gute Nacht sagen sollen.

In Zeiten der globalen Umweltkrise kehrt die Romantik zurück, und sie ist nötiger denn je. Erst wenn wir mit dem Herzen fühlen, wie wichtig unsere Mitgeschöpfe für unser Überleben sind, wie viel Respekt sie verdienen, auch um ihrer selbst willen, sind wir bereit, Änderungen in unserem Leben zu akzeptieren.

Heute entscheidet sich, ob wir so viel Natur bewahren können, dass sie sich selbst heilen kann, wenn wir es wieder zulassen. Und ja – wir lassen es tatsächlich zu! Das Abkommen von Montreal im Dezember 2022, unterschrieben von über 60 Staaten und der EU, sieht den Schutz der Natur auf 30 Prozent der Meeres- und 30 Prozent der Landfläche vor. Dieser Schutz soll schon im Jahre 2030 erreicht sein, was zugegebenermaßen sehr ambitioniert ist. Zwei Drittel der Schutzflächen dürfen weiter schonend bewirtschaftet werden, ein Drittel muss laut Vereinbarung streng geschützt sein. Hier soll die Natur mit all ihren Geschöpfen selbst entscheiden, welchen Weg sie einschlagen will.

Diesem mutigen Vertrag folgte ein zweiter im Juni 2024: Die Verordnung zur Wiederherstellung der Natur. Hier griff die Europäische Union das Abkommen von Montreal auf und legte die Renaturierung von 20 Prozent der bewirtschafteten Meeres- und Landökosysteme bis 2030 verbindlich fest. Diese Verbindlichkeit für solch riesige Gebiete ist weltweit einzigartig und findet hoffentlich viele Nachahmer. Ziel ist, die Landschaften in einen naturnahen Zustand zurückzuführen, auch um den Verlust der Artenvielfalt zu stoppen. Doch bei den 20 Prozent soll es nicht bleiben: Bis zum Jahr 2050 sollen alle geschädigten Ökosysteme mit entsprechenden Maßnahmen wieder fit werden.

Es gibt sie also, die positiven Nachrichten, die im Strom der täglichen Hiobsbotschaften unterzugehen drohen. Und es ist gerade jetzt so wichtig, sie zu sehen! Den Wäldern ist nicht geholfen, wenn mehr und mehr Menschen in eine Art Klimadepression abgleiten und fatalistisch die Hände in den Schoß legen oder sich der Nachrichtenlage gleich ganz verweigern. Es geht um das Handeln, und zwar um unser selbst willen, denn aus Handeln entsteht Zuversicht. Schon der Verzicht auf ungelesene Wegwerfprospekte könnte allein in Deutschland jährlich Millionen von Bäumen vor der Motorsäge retten.

Dabei zählt jeder einzelne Baum. Schon ein einzelner kann den heimischen Garten spürbar kühlen, eine ganze Allee die städtische Straße. Mehr und mehr Großstädte setzen auf diesen Kühleffekt, wie etwa Paris, wo in großem Umfang Parkplätze für diese freundlichen Pflanzenriesen weichen müssen. Und mit den Bäumen kommen all die Arten zurück, die auf sie angewiesen sind.

Eine der vielleicht wichtigsten Botschaften dieses Buches ist nicht nur das Prinzip der Solidarität, das die gesamte Natur durchzieht. Nein, es ist die Unterstreichung der Tatsache, dass wir als fühlende Wesen nicht allein im Universum sind. Tieren werden mehr und mehr Emotionen, Intelligenz und auch ein Bewusstsein zugestanden. Bei Pflanzen endete dieses Zugeständnis bisher allerdings. Doch aktuelle Forschung demonstriert eindrucksvoll, dass es diese Einstellung zu überdenken gilt. So gibt es Arten, die über eine Art Familiensinn verfügen und auf Mitglieder ihrer Sippe beim Wachstum Rücksicht nehmen. Diese Rücksichtnahme ist so bedeutsam, dass selbst die Agrarforschung die Forschungsergebnisse aufgreift, um etwa kooperativen Weizen zu züchten. In Summe erbringen solche Pflanzengemeinschaften nämlich höhere Erträge als Saaten »egoistischer« Exemplare.

Doch diesen Pfad will ich hier gar nicht weiter verfolgen, denn viel zu oft wird in Bezug auf die Natur ihr Nutzen für uns Menschen betont, wie ich es einige Zeilen zuvor ebenfalls getan habe. Zum Verständnis unserer Verbindung zu anderen Mitgeschöpfen ist das legitim, zur Betonung der Notwendigkeit ihres Schutzes jedoch viel zu dünn. Bäume produzieren Sauerstoff für uns Menschen? Sie reinigen als Wald unser Wasser, das wichtigste Lebensmittel? Sie sorgen für Nachschub über die Erzeugung von Regenwolken? Alles richtig und doch irgendwie falsch. Denn die Bäume dienen uns nicht, zumindest nicht freiwillig. Sie verhalten sich so, weil es ihrer Lebensgemeinschaft zugutekommt und wir zufällig von vielen dieser Leistungen profitieren. Das ist aber weder ihr Daseinsgrund, noch sollte es der stärkste Antrieb sein, für den Erhalt ihres Lebensraumes zu kämpfen. Ich halte Mitleid, Respekt und Sympathie als Motivation im Naturschutz für wesentlich besser. Welchen Nutzen haben Pandabären, Störche oder Feuersalamander für uns Menschen? Zumindest keinen, der mir geläufig wäre. Dennoch käme kaum jemand auf die Idee, deshalb den Schutz dieser Tierarten für überflüssig zu erklären.

Die berührende Gemeinschaft der Bäume erinnert uns nicht zufällig an unsere menschliche Gesellschaft. Toleranz, Hilfsbereitschaft und Liebe sind keine »Erfindungen«, die die Natur nur für unsere Art hervorgebracht hat. Sie sind in unterschiedlichster Ausprägung bei ungezählten Mitgeschöpfen zu finden und bringen etwas in uns zum Klingen, wenn wir es beobachten können.

Zu solch einem Beobachtungsgang unter Bäumen möchte ich Sie einladen. Im vorliegenden Band habe ich besondere Gedanken aus meinem Buch »Das geheime Leben der Bäume« für Sie ausgewählt. Sie werden mit Gemälden aus verschiedenen Epochen illustriert. Diese Gemälde transportieren Stimmungen, sie sind gewissermaßen Fotografien durch einen inneren, emotionalen Filter. In ihnen ist wunderbar die Faszination eingefangen, die Menschen schon seit Jahrhunderten unter Bäumen ergriff – und es noch immer tut.

Henry Farrer | *Winterszene im Mondlicht* | 1869

Weisheiten
aus
Das geheime
Leben
der Bäume

Ein Baum ist kein Wald

Allein kann ein Baum kein lokales ausgeglichenes Klima herstellen, er ist Wind und Wetter schutzlos ausgeliefert. Zusammen dagegen schaffen viele Bäume ein Ökosystem, das Hitze und Kälteextreme abfedert, eine Menge Wasser speichert und sehr feuchte Luft erzeugt. Um das zu erreichen, muss die Gemeinschaft um jeden Preis erhalten bleiben. Würden sich alle Exemplare nur um sich selbst kümmern, dann erreichten etliche nicht die Altersphase. Ständige Todesfälle hätten viele große Löcher im Kronendach zur Folge, wodurch Stürme leichter hineinfahren und weitere Stämme umwerfen könnten.

Jeder Baum ist also wertvoll für die Gemeinschaft und verdient es, so lange wie möglich erhalten zu werden. Daher unterstützt man sogar kranke Exemplare und versorgt sie mit Nährstoffen, bis es ihnen wieder besser geht.

Joseph Bartholomew Kidd | *Rosenbrust-Kernknacker* |
Mitte bis spätes 19. Jahrhundert

Schmerzempfinden

Ob Buchen, Fichten oder Eichen, sie alle merken es schmerzhaft, sobald jemand an ihnen herumknabbert. Wenn eine Raupe herzhaft zubeißt, dann verändert sich das Gewebe um die Bissstelle herum. Zudem sendet es elektrische Signale aus, ganz wie im menschlichen Körper, wenn dieser verwundet wird. Danach dauert es noch einmal eine Stunde, bis Abwehrstoffe in die Blätter eingelagert werden, um den Parasiten die Mahlzeit zu verderben. Bäume sind eben langsam, und selbst bei Gefahr scheint das die Höchstgeschwindigkeit zu sein. Trotz des geringen Tempos funktionieren die einzelnen Körperteile eines Baums keineswegs voneinander isoliert. Bekommen etwa die Wurzeln Schwierigkeiten, so breitet sich diese Information im ganzen Baum aus und kann dazu führen, dass über die Blätter Duftstoffe abgegeben werden. Nicht irgendwelche, sondern speziell auf den jeweiligen Zweck zugeschnittene.

Bäume haben möglicherweise sogar ein Bewusstsein. Ihre Wurzeln breiten sich nämlich im Boden sehr gleichmäßig aus. Dazu klicken sie mit den Wurzelspitzen und hören, wo sie schon unterirdisch unterwegs sind. Bäume kennen also die Grenzen ihres Körpers und wissen, wo sich dieser befindet.

Paul Klee | *Park* | 1920

Unbekannt | *Landschaft* | undatiert

Mehrgleisige Verteidigung

Eichen etwa leiten bittere und giftige Gerbstoffe in Rinde und Blätter. Sie bringen nagende Insekten entweder um oder verändern den Geschmack zumindest so weit, dass er sich von leckerem Salat in beißende Galle verwandelt.

Dabei verlassen sich die Bäume allerdings nicht nur auf die Luft, denn dann bekäme ja nicht jeder Nachbar Wind von der Gefahr. Dr. Suzanne Simard von der University of British Columbia hat herausgefunden, dass sie einander auch durch chemische Signale warnen, die sie wetterunabhängig über die Wurzeln senden und alle Exemplare miteinander vernetzen. Überraschenderweise werden die Nachrichten nicht nur chemisch, sondern sogar elektrisch verbreitet. Hat sich die Neuigkeit verbreitet, dann pumpen prompt alle Eichen ringsherum ebenfalls Gerbstoffe durch ihre Adern.

Henri Rousseau | *Urwaldlandschaft*
mit untergehender Sonne | 1910

Geschmackssinn

Manche Baumarten erkennen, um welchen Bösewicht es sich handelt. Der Speichel jeder Tierart ist spezifisch und kann zugeordnet werden. So gut zugeordnet, dass durch Lockstoffe gezielt Fressfeinde wie etwa Vögel herbeigerufen werden können, die sich freudig auf die Plage stürzen und so den Bäumen helfen. Ulmen oder Kiefern wenden sich beispielsweise an kleine Wespen. Diese Insekten legen Eier in blattfressende Raupen. Hier entwickelt sich der Wespennachwuchs, indem er die größere Schmetterlingsraupe innerlich Stück für Stück auffrisst – kein schöner Tod. Immerhin sind so die Bäume von den lästigen Parasiten befreit und können unbeschädigt weiterwachsen. Das Erkennen des Speichels ist nebenbei ein Beleg für eine weitere Fähigkeit der Bäume: Sie müssen demnach auch einen Geschmackssinn haben.

Mogens Ballin | *Holz mit krummem Baum* | 1891–92

Wechselbeziehung

Die meisten Individuen einer Art und eines Bestands sind miteinander durch ihr Wurzelsystem und über das Pilznetzwerk verbunden. Der Austausch von Nährstoffen, die Nachbarschaftshilfe im Notfall, ist anscheinend die Regel.

Paul Sébillot | *Frühling in der Bretagne* | 1874

Bemooste Steine

Vor Jahren stieß ich in einem der alten Buchenwaldreservate meines Reviers auf eigenartige bemooste Steine. Im Nachhinein ist mir klar, dass ich schon viele Male achtlos an ihnen vorübergegangen bin, doch eines Tages blieb ich stehen und bückte mich. Die Form war merkwürdig, leicht gebogen mit Hohlräumen, und als ich das Moos etwas abhob, entdeckte ich darunter Baumrinde. Es war also doch kein Stein, sondern altes Holz.

Mit dem Taschenmesser schabte ich vorsichtig ein bisschen von der Rinde herunter, bis ich auf eine grüne Schicht stieß. Grün? Das konnte nur bedeuten, dass dieses Holzstück doch noch nicht tot war! Es handelte sich um die knorrigen Reste eines riesigen, uralten Baumstumpfs. Doch die Zellen verbrauchen Nahrung in Form von Zucker, müssen atmen und zumindest ein wenig wachsen. Ohne Blätter und damit ohne Fotosynthese ist das aber unmöglich. Ich wollte dem alten Stumpf nicht durch Grabungen Schaden zufügen. Eines war aber eindeutig: Die umgebenden Buchen pumpten ihm über Wurzelverbindungen Zuckerlösung hinüber, um ihn am Leben zu halten.

Adrian Ludwig Richter | *Genoveva* | 1872

Dreierbündnis

Gibt es etwa auch bei Bäumen eine Zweiklassengesellschaft? Es scheint so, doch trifft es der Ausdruck »Klasse« nicht genau. Es ist vielmehr der Grad an Verbundenheit oder vielleicht sogar Zuneigung, der über die Hilfsbereitschaft der Kollegen entscheidet. Und das können Sie selbst mit einem Blick nach oben in die Kronen nachvollziehen. Ein Durchschnittsbaum macht sich mit seinen Ästen so lange breit, bis er an die Zweigspitzen eines gleich hohen Nachbarn stößt. Weiter geht es nicht, weil hier der Luft- oder besser Lichtraum schon besetzt ist. Trotzdem werden die Ausleger kräftig verstärkt, sodass man den Eindruck hat, dass dort oben regelrecht gerungen wird. Ein echtes Freundespaar dagegen achtet von vornherein darauf, keine allzu dicken Äste in Richtung des anderen auszubilden. Man will sich nicht gegenseitig etwas wegnehmen und bildet kräftige Kronenteile daher nur nach außen, also zu den »Nichtfreunden« hin. Solche Paare sind so innig über die Wurzeln verbunden, dass sie manchmal sogar gemeinsam sterben.

Carl August Lebschee | *Waldlandschaft mit Hirsch* | 1800–77

Duftbotschaften

Mittlerweile fünf Jahrzehnte alt ist eine Beobachtung aus den Savannen Afrikas. Dort fressen Giraffen an Schirmakazien. Um die großen Pflanzenfresser wieder loszuwerden, lagern die Akazien innerhalb von Minuten Giftstoffe in die Blätter ein. Die Giraffen wissen dies und ziehen zu den nächsten Bäumen. Den nächsten? Nein, zunächst lassen sie etliche Exemplare links liegen und beginnen erst nach etwa 100 Meter erneut mit der Mahlzeit. Die befressene Akazie verströmt ein Warngas, welches den Artgenossen der Umgebung signalisiert, dass hier Unheil naht. Daraufhin lagern alle vorgewarnten Individuen ebenfalls Giftstoffe ein, um sich vorzubereiten. Giraffen ziehen daher etwas weiter über die Savanne, wo sie ahnungslose Bäume finden.

Abel Rodríguez | *Wandel der Jahreszeiten im überschwemmten Regenwald* | 2009–10

Gegenseitige Unterstützung

Wachsen Bäume zusammen, lassen sich die Nährstoffe und das Wasser optimal unter allen verteilen, sodass jeder Baum zur Höchstform auflaufen kann. »Hilft« man einzelnen Exemplaren, ihre vermeintliche Konkurrenz loszuwerden, dann werden die verbleibenden Bäume zu Einsiedlern. Die Kontakte zu den Nachbarn laufen ins Leere, da dort nur noch Stümpfe stehen. Denn ein Baum kann immer nur so gut sein wie der ihn umgebende Wald. Schwächere Mitglieder, die früher von den stärkeren unterstützt wurden, geraten auf einmal ins Hintertreffen. Ob es an ihrem Standort und mangelnden Nährstoffen liegt, einem temporären Unwohlsein oder ob es die genetische Ausstattung ist: Sie werden nun leichter Opfer von Insekten und Pilzen.

Ihr Wohl hängt von der Gemeinschaft ab, und wenn die vermeintlich kraftlosen verschwinden, dann verlieren auch die anderen.

Gustav Klimt | *Rosen unter Bäumen* | 1905

Nachrichtenverbreitung

Pilze im Waldboden agieren wie die Glasfaserleitungen des Internets. Die dünnen Fäden durchdringen den Boden und durchweben ihn in kaum vorstellbarer Dichte. So enthält ein Teelöffel Walderde mehrere Kilometer dieser »Hyphen«. Ein einziger Pilz kann sich im Laufe von Jahrhunderten über etliche Quadratkilometer ausdehnen und so ganze Wälder vernetzen. Durch seine Leitungen gibt er die Signale von einem Baum zum nächsten weiter und hilft ihnen dabei, Nachrichten über Insekten, Dürren und andere Gefahren auszutauschen. Mittlerweile spricht sogar die Wissenschaft von einem »Wood-Wide-Web«.

Georges Seurat | *Wald in Pontaubert* | 1881

Funkstille

Sind Bäume geschwächt, dann erlahmen vielleicht nicht nur die Abwehrkräfte, sondern auch die Gesprächigkeit. Anders ist es kaum zu erklären, dass angreifende Insekten sich gezielt anfällige Exemplare heraussuchen. Es ist denkbar, dass sie dazu den Bäumen zuhören, die aufgeregten chemischen Warnrufe registrieren und stumme Individuen durch einen Biss in Blätter oder Rinde testen. Vielleicht ist die Schweigsamkeit tatsächlich auf eine ernste Erkrankung zurückzuführen, manchmal auch auf einen Verlust des Pilzgeflechts, wodurch der Baum von sämtlichen Neuigkeiten abgeschnitten wird. Er registriert das nahende Unheil nicht mehr, und dann ist das Büfett für Raupen und Käfer eröffnet.

Unseren Kulturpflanzen ist die Fähigkeit, sich ober- oder unterirdisch mitzuteilen, durch Züchtung großenteils abhandengekommen. Isoliert durch ihr Schweigen werden sie dadurch zu einer leichten Beute für Insekten. Das ist einer der Gründe, warum die moderne Landwirtschaft so viele Spritzmittel einsetzt. Vielleicht können sich Züchter künftig ein wenig von den Wäldern abschauen und wieder mehr Wildheit und damit Geschwätzigkeit in Getreide und Kartoffeln einkreuzen.

Unbekannte (britische) Kopie nach
Sir Joshua Reynolds | *Mrs. Lloyd* | 18. Jahrhundert

Klanglandschaften

Monica Gagliano von der University of Western Australia hörte zusammen mit Kollegen aus Bristol und Florenz einfach mal im Boden nach. Im Labor sind Bäume unpraktisch, deshalb wurden an ihrer Stelle leichter zu handhabende Getreidesämlinge untersucht. Schon bald registrierten die Messapparaturen ein leises Knacken der Wurzeln bei einer Frequenz von 220 Hertz. Knackende Wurzeln? Das muss noch nichts heißen, schließlich knackt selbst totes Holz spätestens dann, wenn es im Ofen verbrennt. Doch das Geräusch ließ auch im übertragenen Sinne aufhorchen. Denn die Wurzeln unbeteiligter Keimlinge reagierten darauf. Immer dann, wenn sie einem Knacken von 220 Hertz ausgesetzt waren, orientierten sich die Spitzen in diese Richtung. Das bedeutet, dass Gras diese Frequenz wahrnehmen, sagen wir ruhig »hören« kann.

Julie de Graag | *Mondlicht* | 1920

Verbindung zum Wood-Wide-Web

Um eine Partnerschaft mit einer der über tausend Arten einzugehen, muss der Baum sehr offen sein. Und zwar im Wortsinne, denn die Pilzfäden wachsen in die zarten Feinwurzeln hinein. Der Pilz durchdringt und umschließt nicht nur die Wurzeln, sondern lässt sein Geflecht durch den umliegenden Waldboden streifen. Dabei überschreitet er den normalen Ausbreitungsbereich der Wurzeln und wächst auch zu anderen Bäumen hinüber. Hier verbindet er sich mit deren Pilzpartnern und deren Wurzeln. Es entsteht ein Netzwerk, über das nun munter Nährstoffe (siehe Kapitel »Sozialer Austausch«) und sogar Informationen ausgetauscht werden, etwa über bevorstehende Insektenattacken.

Lawrence Paul Yuxweluptun | *Neue Klimalandschaft (Klimawandel Nordwestküste)* | 2019

Geduld

Bucheckern und Eicheln fallen stets unter ihre Mutterbäume. Diese verdunkeln mit ihren Blättern den Waldboden so stark, dass der Nachwuchs sehr langsam wachsen kann. »Meine« kleinen Buchen, die schon mindestens 80 Jahre gewartet haben, stehen unter rund 200-jährigen Mutterbäumen. Möglicherweise müssen die Zwerge noch weitere zwei Jahrhunderte vor sich hin vegetieren, ehe sie endlich zum Zuge kommen. Die Wartezeit wird allerdings versüßt. Über die Wurzeln nehmen ihre Mütter Kontakt mit ihnen auf und geben ihnen Zucker und andere Nährstoffe ab. Man könnte auch sagen: Die Baumbabys werden gestillt.

Die nächste Generation

Wenn ein Mutterbaum das Ende seines Lebens erreicht und auf den Boden aufschlägt, erwischt es auch ein paar wartende Sämlinge. Der Rest des Kindergartens bekommt durch die entstandene Lücke ein Startsignal, denn nun können sie nach Herzenslust Fotosynthese betreiben.

Solche Umstellungen gibt es reichlich, denn durch die neue Lichtsituation muss der Stoffwechsel umschalten, müssen Blätter und Nadeln gebildet werden, die stärkeres Licht aushalten und verarbeiten können. Das dauert zwischen ein und drei Jahren. Ist das erledigt, dann heißt es sich sputen. Alle Kleinen wollen nun wachsen, und nur diejenigen, welche ohne Umschweife schnurgerade nach oben treiben, bleiben im Rennen. Kobolde dagegen, die meinen, sie könnten erst einmal lustig nach links oder rechts abbiegen und trödeln, ehe auch sie nach oben streben, haben schlechte Karten. Sie werden von ihren Kameraden überwachsen und landen unter ihnen erneut im Dämmerlicht. Der Unterschied: Unter den Blättchen des vorbeigezogenen Nachwuchses ist es noch dunkler als unter der Mutter, denn der Kindergarten verbraucht von dem schwachen Restlicht den größten Teil. Daher hauchen die Nachzügler ihr Lebenslicht aus und werden wieder zu Humus.

Sobald helles Sonnenlicht die Fotosynthese anheizt und

das Wachstum fördert, werden aus den Knospen leckere Pralinen – zumindest aus der Sicht der Rehe. Auch Blütenpflanzen versuchen ihr Glück. Das Wald-Geißblatt hangelt sich mit seinen Ranken die Stämmchen hinauf, indem es sich immer schön rechts herum (also im Uhrzeigersinn) windet. So kann es mit dem Wachstum des Baumnachwuchses mithalten und seine Blüten in die Sonne recken. Allerdings wachsen seine gewundenen Triebe mit den Jahren in die Rinde ein und würgen die Bäumchen allmählich ab. Schließt sich das Kronendach der Altbäume nach einiger Zeit wieder, wird es erneut dunkel. Dann stirbt das Geißblatt ab, und es bleiben lediglich Narben zurück.

Wer als junger Baum alle Hindernisse überwunden hat und schön schlank weiterwächst, wird allerdings nach spätestens 20 Jahren auf die nächste Geduldsprobe gestellt. So lange dauert es, bis die Nachbarn des toten Mutterbaums mit ihren Ästen in die Lücke hineingewachsen sind. Ist im Obergeschoss alles zugewachsen, dann wird es unten wieder dunkel. Alle, die es in die mittlere Etage geschafft haben, werden durch keine Konkurrenz mehr bedroht, sondern sind die Kronprinzen und -prinzessinnen, die bei der nächsten Gelegenheit endlich erwachsen werden dürfen.

⟩ **Paul Gauguin** | *Te burao (Der Hibiskusbaum)* | 1892

William Turner | *Studie über einen blühenden Baum* | ca. 1835

Zum Zucker hier entlang!

Blüten verströmen ihr Aroma nicht etwa zufällig oder um uns zu gefallen. Obstbäume, Weiden oder Kastanien machen mit der olfaktorischen Nachricht auf sich aufmerksam und laden Bienen dazu ein, bei ihnen zu tanken. Der süße Nektar, ein konzentrierter Zuckersaft, ist die Belohnung für die Bestäubung, die von den Insekten ganz nebenbei mit erledigt wird. Auch die Blütenform und -farbe ist ein Signal, ähnlich einer Werbetafel, die sich deutlich vom grünen Allerlei der Baumkrone abhebt und den Weg zum Imbiss weist.

Kamal-ol-Molk | *Die Doshan-Tappeh-Straße* | 1899

Sozialer Austausch

Studenten des Instituts für Umweltforschung der RWTH Aachen fanden heraus, dass man in ungestörten Buchenwäldern in puncto Fotosynthese eine besondere Entdeckung machen kann.

Offenbar synchronisieren sich die Bäume derartig, dass alle die gleiche Leistung erbringen. Der Ausgleich geschieht unterirdisch durch die Wurzeln. Hier findet offensichtlich ein reger Austausch statt. Wer viel hat, gibt ab, wer ein armer Schlucker ist, bekommt Hilfslieferungen. Dabei werden einmal mehr Pilze beteiligt, die mit ihrem riesigen Netzwerk wie eine gigantische Umverteilungsmaschine wirken. Das erinnert ein wenig an das Sozialhilfesystem, welches ebenfalls verhindert, dass einzelne Mitglieder unserer Gesellschaft zu tief abstürzen.

E.A. Séguy | *Baum im Pochoir-Muster im orientalischen Stil (Ausschnitt)* | ca. 1914

Gedächtnisbildung

Mimosen sind tropische Pflanzen. Bei Berührung schließen sich ihre gefiederten Blättchen schützend. In einem Versuchsaufbau ließ man auf das Laub der Mimosen regelmäßig einzelne Wassertropfen fallen. Anfangs schlossen sich die Blätter sofort ängstlich, doch nach einiger Zeit hatten die Sträucher gelernt, dass von dem Nass keine Gefahr einer Beschädigung ausging. Fortan blieben die Blätter trotz der Tropfen offen. Noch überraschender war für die australische Wissenschaftlerin Monica Gagliano, dass die Mimosen ihre Lektion selbst nach Wochen ohne weitere Tests behalten hatten und anwenden konnten.

Wie dick und stabil ein Stamm wird, hängt also davon ab, ob nichts zwickt und zwackt. Dieses Spielchen kann sich in natürlichen Wäldern mehrmals in einem Baumleben wiederholen.

Unbekannt | *Der Baum des Lebens* | erste Hälfte 17. Jahrhundert

Asher B. Durand | *Waldschlucht* | ca. 1850-55

Kinderstube

Kleine Bäume würden so gerne schnell wachsen, und ein Höhentrieb von einem halben Meter pro Saison wäre überhaupt kein Problem. Leider haben die eigenen Mütter etwas dagegen. Sie überschirmen mit ihren riesigen Kronen den gesamten Nachwuchs und bilden mit anderen erwachsenen Bäumen ein dichtes Dach über dem Wald. Dieses lässt nur drei Prozent des Sonnenlichts auf den Boden bzw. die Blätter ihrer Kinder dringen. Damit kann man gerade mal so viel Fotosynthese betreiben, dass der eigene Körper nicht abstirbt. Einen anständigen Trieb nach oben, gar ein dickeres Stämmchen, ist so nicht drin.

Ihre Holzzellen im Inneren sind durch das langsame Wachstum sehr klein und enthalten wenig Luft. Das macht sie flexibel und widerstandsfähig gegen Brüche durch Stürme. Noch wichtiger ist die erhöhte Resistenz gegen Pilze, die sich in dem zähen Stämmchen kaum ausbreiten können.

Friedrich Christian Klass | *Landschaft mit Wasserfall* |
spätes 18. bis frühes 19. Jahrhundert

Baum-Knigge

Im Wald gibt es einen ungeschriebenen Knigge für Bäume. Er schreibt vor, wie man als richtiges Urwaldmitglied auszusehen hat und was zu tun oder zu lassen ist. Ein folgsames, ausgewachsenes Laubbaum-Exemplar sieht wie folgt aus: Es hat einen schnurgeraden Stamm mit einem gleichmäßigen inneren Verlauf der Holzfasern. Die Wurzeln breiten sich schön symmetrisch nach allen Richtungen aus und streben unter dem Baum in die Tiefe. Die seitlichen Äste am Stamm waren in der Jugend sehr dünn, sind nun längst abgestorben und wurden mit frischer Rinde und neuem Holz verschlossen, sodass sich eine lange, glatte Säule präsentiert. Erst am oberen Ende bildet sich eine gleichmäßige Krone aus starken Ästen, die wie zum Himmel gereckte Arme schräg aufwärts zeigen. Ein solcher Idealbaum vermag sehr alt zu werden.

Oscar Bluemner | *Junger Baum im Roten Hof* | 1919

Netzwerk-Dienstleistungen

Das Pilznetzwerk hat seinen Preis. Ohne Nahrungszufuhr würden die Pilze schlichtweg verhungern. Also verlangen sie eine Bezahlung in Form von Zucker und anderen Kohlenhydraten, die der Partnerbaum zu liefern hat. Dabei sind die Pilze nicht gerade zimperlich in ihren Ansprüchen. Bis zu einem Drittel der gesamten Produktion fordern sie für ihre Dienste.

Für die reiche Entlohnung mit Zucker gibt es noch ein paar Zusatzleistungen gratis obendrauf, so etwa eine Filterfunktion gegen Schwermetalle. Diese würden den Wurzeln gar nicht guttun, machen aber den Pilzen weniger aus.

Johann Wilhelm Schirmer | *Berglandschaft mit einem Fluss* | 1835–37

Stille Schreie

Tritt starker Durst ein, dann fangen Bäume an zu schreien. Wenn Sie jetzt im Wald unterwegs sind, können Sie allerdings nichts davon hören, denn das Ganze spielt sich im Ultraschallbereich ab. Forscher der Eidgenössischen Forschungsanstalt für Wald, Schnee und Landschaft in der Schweiz zeichnen die Töne auf und erklären sie so: Wenn der Wasserstrom von den Wurzeln zu den Blättern im Stamm abreißt, entstehen Schwingungen. Dies ist ein rein mechanischer Vorgang und hat wahrscheinlich keine Bedeutung. Oder doch?

Man weiß ja nur, wie die Töne entstehen, und wenn wir unsere eigene Schallproduktion unter die Lupe nehmen, bleibt auch nichts Besonderes übrig: Der Luftstrom aus der Luftröhre bringt die Stimmbänder zum Schwingen. Und wenn ich an die Forschungsergebnisse bezüglich der knackenden Wurzeln denke, dann könnte es durchaus sein, dass diese Schwingungen weit mehr sind, nämlich Durstschreie. Vielleicht sind sie sogar eine dringende Warnung an die Kollegen, dass das Wasser zur Neige geht.

Bäume leben in einem inneren
Gleichgewicht. Sie teilen sich ihre Kräfte
sorgfältig ein, müssen haushalten,
um alle Bedürfnisse zu erfüllen.
Eine Portion der Energie geht
in das Wachstum.

› **Vincent van Gogh** | *Blühender Obstgarten* | 1888

Julian Alden Weir | *(Landschaft)* | nach 1900

Alterungsprozess

Jeder Baum stellt allmählich sein Höhenwachstum ein. Weiter hinauf können seine Wurzeln und sein Adersystem Wasser und Nährstoffe nicht pumpen, weil diese Anstrengung ihn überfordern würde. Stattdessen wird er jetzt einfach nur noch dicker (eine weitere Parallele zu vielen Menschen in höherem Alter ...). Jetzt kann er die Versorgung der obersten Äste nicht länger bewältigen, sodass diese absterben. Und so, wie alte Menschen allmählich an Körpergröße verlieren, tut dies ein Baum auch. Der nächste Sturm fegt die toten Zweige aus der Krone, und nach diesem Ausputzen sieht sie für kurze Zeit wieder etwas frischer aus. Der Prozess wiederholt sich jedes Jahr, und die Krone schrumpft dabei optisch beinahe unmerklich. Sind alle oberen Zweige verloren, so bleiben die dickeren Äste übrig. Auch sie sterben. Nun kann der Baum sein hohes Alter, aber auch sein Siechtum nicht mehr verbergen.

Johann Christoph Rist | *Landschaft mit Wasserfall* | 1816

Gigantische Wasserpumpe

Wissenschaftler forschten weltweit in verschiedenen Wäldern und kamen immer wieder zu den gleichen Schlüssen: Ob im Regenwald oder der sibirischen Taiga, stets waren es die Bäume, die die lebensnotwendige Feuchtigkeit ins Landesinnere weiterreichten.

› **Johann Georg Wagner** | *Der Morgen* | 1732–67

Wagner f.

Paul Cézanne | *Die Biegung der Straße* | 1900–06

Was genau ist ein Baum?

Bäume, das sind doch majestätische Wesen, unter deren Kronen wir uns wie Ameisen im Gras vorkommen, oder? Bei meinen Reisen nach Lappland bin ich allerdings auf ganz andere Vertreter gestoßen, die den Menschen eher wie Gulliver in Liliput erscheinen lassen. Es sind die Zwergbäume der Tundra, über die manch Wanderer achtlos hinwegtrampelt. Manchmal werden sie in 100 Jahren nicht viel höher als 20 Zentimeter. Als Baum sind sie wissenschaftlich nicht anerkannt.

Und wenn ein Baum abgesägt wird? Ist er dann tot? Was ist mit dem erwähnten mehrhundertjährigen Stumpf, der von seinen Kameraden bis heute am Leben gehalten wird? Ist das ein Baum, und falls nein, was ist es dann?

Caspar David Friedrich | *Statue der Madonna in den Bergen* | 1804

Der Kern der Sache

Die älteste Fichte in der schwedischen Provinz Dalarna hatte eine Art flaches Gebüsch gebildet, das wie ein Teppich ein einzelnes Stämmchen umrahmte.

Die Untersuchung der Fichte ergab ein schier unglaubliches Alter von 9 550 Jahren. Die einzelnen Triebe waren jünger, doch diese Neuaustriebe der letzten Jahrhunderte wurden nicht als eigene Bäume gewertet, sondern als Teil des Ganzen. Ich finde: zu Recht! Jedenfalls war es die Wurzel, die für das Überleben des Organismus sorgte, starke Klimaschwankungen überstand und immer wieder neue Stämme getrieben hatte. In ihr waren die Erfahrungen von Jahrtausenden gespeichert, die ihr das Überleben bis zum heutigen Tage ermöglicht hatten.

William Henry Fox Talbot | *Kasuga-Hirsch-Mandala* |
spätes 14. Jahrhundert

Können Pflanzen denken?

Frantisek Baluska vom Institut für zelluläre und molekulare Botanik der Universität Bonn ist zusammen mit Kollegen der Meinung, dass sich in der Wurzelspitze gehirnähnliche Strukturen befinden. Neben der Signalleitung gibt es etliche Anlagen und Moleküle, die so ähnlich auch bei Tieren zu finden sind. Tastet sich die Wurzel im Boden vorwärts, so kann sie Reize aufnehmen. Die Forscher messen elektrische Signale, die in einer Übergangszone verarbeitet werden und zu Verhaltensänderungen führen. Stoßen die Wurzeln auf giftige Substanzen, undurchdringliche Steine oder zu nasse Bereiche, dann analysieren sie die Lage und geben die notwendigen Änderungen an die Wuchszone weiter. Diese ändert anschließend die Richtung und lenkt die Ausläufer um den kritischen Bodenbereich herum.

Ob man darüber hinaus hier den Hort von Intelligenz, Erinnerungsvermögen und Emotionen sehen kann, wird aktuell von der Mehrheit der Pflanzenforscher in Zweifel gezogen. Sie erregen sich unter anderem über die Übertragung der Befunde auf gleiche Situationen bei Tieren und letzten Endes darüber, dass die Grenzen zwischen Pflanzen und Tieren zu verwischen drohen. Na und? Was wäre so schlimm daran?

Vincent van Gogh | *Zypressen* | 1889

Altersvitalität

Je älter Bäume werden, desto schneller wachsen sie. So erzeugten Bäume mit einem Meter Stammdurchmesser dreimal so viel Biomasse wie Exemplare, die nur halb so dick waren. Alt bedeutet bei Bäumen also nicht schwach, gebeugt und anfällig, sondern ganz im Gegenteil schwungvoll und leistungsstark. Pilze können in alten Bäumen zwar zu einer Fäulnis im Stamminneren führen, doch das mindert das weitere Wachstum nicht im Geringsten. Möchten wir Wälder als Mittel zum Kampf gegen den Klimawandel nutzen, dann müssen wir sie alt werden lassen, ganz wie es die großen Naturschutzverbände fordern.

Hornmilben, Springschwänze
und Borstenwürmer sind nun einmal
nicht so sympathisch wie Orang-Utans
oder Buckelwale. Im Wald bilden
die kleinen Knilche den Anfang
der Nahrungskette und dürfen daher
als so etwas wie Bodenplankton gelten.

Francis Hopkinson Smith | *Birkenbäume* | ca. 1880

Unbekannt | *Amitabha, der Buddha des Reinen Landes (Sukhavati)* | ca. 1700

CO_2-Speicherung

Der Wald ist ein gigantischer CO_2-Staubsauger, der diesen Luftbestandteil fortwährend ausfiltert und einlagert. Zwar wird ein Teil davon nach seinem Tod tatsächlich wieder in die Atmosphäre zurückgegeben, doch der große Rest verbleibt dauerhaft im Ökosystem. Der zerbröselte Stamm wird langsam durch verschiedene Arten in immer kleinere Stückchen geraspelt und gefressen und dabei Zentimeter um Zentimeter tiefer in den Boden eingearbeitet. Den letzten Rest besorgt der Regen, der die organischen Überreste einschwemmt. Je weiter es hinab geht, desto kühler wird es. Und mit der fallenden Temperatur verlangsamt sich auch das Leben, bis es schließlich fast zum Stillstand kommt. Damit hat das CO_2 in Form von Humus seine letzte Ruhe gefunden und reichert sich langsam immer weiter an. In einer fernen, fernen Zukunft wird daraus vielleicht einmal Braun- oder Steinkohle.

Wäre es da nicht schön und sinnvoll, wenn wir auf der anderen Seite unseren Bäumen die Chance ließen, es den Ahnen nachzutun? Sie könnten zumindest einen Teil des CO_2 wieder einfangen und im Erdreich speichern.

Ogata Kōrin | *Kraniche, Kiefern und Bambus* |
frühes 18. Jahrhundert

Transformation eines Kiefernwaldes

Mit ihrem jährlichen Laubfall erzeugten kleine Buchen, die unter Kiefern gepflanzt wurden, einen milden Humus, der viel Wasser speichern konnte. Zudem wurde so die Luft in diesem Wäldchen allmählich immer feuchter, weil die Blätter der aufstrebenden Bäumchen den Wind zwischen den Kiefernstämmen bremsten und für Luftruhe sorgten. So konnte weniger Wasser verdunsten. Das ließ die Buchen immer besser gedeihen, und eines Tages wuchsen sie den Kiefern schließlich über den Kopf. Der Waldboden und das Kleinklima hatten sich mittlerweile so verändert, dass die Bedingungen für die Laubbäume besser waren als für die genügsamen Nadelbäume. Das ist ein schönes Beispiel dafür, was Bäume zu ändern vermögen. Förster sagen auch: Der Wald macht sich seinen idealen Standort selbst.

Emily Carr | *Unter den Tannen* | ca. 1931

Bäume und Altern

Ein Loch in der Rinde ist für den Baum mindestens ebenso unangenehm wie eine Wunde in der Haut für uns. Und deshalb wendet er ähnliche Mechanismen an, um Derartiges zu verhindern. Pro Jahr legt ein in vollem Saft stehendes Exemplar zwischen anderthalb und drei Zentimeter an Umfang zu. Nun müsste die Rinde eigentlich reißen. Eigentlich. Denn um das auszuschließen, erneuern die Riesen ihre Haut ebenfalls ständig, indem sie enorme Mengen an Schuppen verlieren. Ihrer Statur angemessen sind diese Schuppen entsprechend größer und messen bis zu 20 Zentimeter.

Es schuppt sich aber nicht jeder Baum gleich. Da gibt es Arten, die sich ständig entblättern, und andere, die es nur ganz verhalten rieseln lassen. Bei jungen Bäumen jeglicher Spezies ist die Borke glatt wie ein Babypopo. Werden sie älter, dann stellen sich (beginnend von unten) allmählich Falten ein, die sich im Laufe der Jahre stetig vertiefen.

Mir drängt sich manchmal der Verdacht auf,
dass man mehr Rücksicht auf Bäume
und anderes Grünzeug nehmen müsste,
wenn man unumstritten feststellen würde,
wie ähnlich sie in vielem den Tieren sind.
Und diese Feststellungen häufen sich!

Komatsuya Hyakki | *Kirschbaum und Fasan* | 1765

Aycoobo (Wilson Rodríguez) | *Terraza Ancestral (Ahnenterrasse)* | 2019

Wasserfänger

Buchen recken ihre Äste wie viele Laubbäume schräg nach oben. Man könnte genauso gut sagen: schräg nach unten. Denn die Krone dient nicht nur der Ausbreitung des Laubs im Sonnenlicht, sondern auch dem Einfangen von Wasser. Der Regen fällt auf Hunderttausende Blätter, von denen das Nass auf die Zweige tropft. Von ihnen läuft es nach unten über die Äste, wo sich die winzigen Rinnsale zu einem Strom vereinen und den Stamm hinabrauschen. An seinem unteren Teil schießt das Wasser so stark hinab, dass es beim Auftreffen auf den Boden lebhaft aufschäumt.

〉 **George Inness** | *Pinienhain der Villa Barberini* | 1876

Camille Corot | *Diana und Actaeon*
(Diana überrascht in ihrem Bad) | 1836

Schöpfer eines sprudelnden Quells

Der Waldboden wirkt wie ein großer Schwamm und sammelt fleißig alle Niederschläge. Die Bäume sorgen dafür, dass die Regentropfen nicht zu hart auf den Boden aufschlagen, sondern zart von den Zweigen tropfen. Die lockere Erde nimmt das Wasser vollständig auf, sodass es nicht zu kleinen Bächen zusammenfließt und in kürzester Zeit abläuft, sondern erst einmal im Boden gefangen bleibt. Ist dieser gesättigt, der Tank für die Bäume gefüllt, dann wird überschüssiges Nass langsam und über viele Jahre hinweg in immer tiefere Schichten abgegeben. Manchmal dauert es Jahrzehnte, bis die Feuchtigkeit wieder zutage tritt. Schwankungen zwischen Trockenperioden und Starkregenereignissen haben sich in dieser Zeit verwischt, und übrig bleibt ein gleichmäßig sprudelnder Quell.

Sicherer Hafen

Die Bedeutung von Bäumen für Bäche nimmt auch nach dem Tod nicht ab. Stürzt etwa eine abgestorbene Buche quer über das Bachbett, dann bleibt sie dort für Jahrzehnte liegen. Sie wirkt wie ein kleiner Staudamm und sorgt für winzige Stillwasserbereiche, in denen sich strömungsanfällige Arten halten können.

‹ **Johann Heinrich Wilhelm Tischbein** | *Eine Gans und ein Ganter mit ihren Gänschen schlagen Alarm, als zwei Füchse mit ihren Jungen aus den Binsen schauen* | Mitte 18. bis Anfang 19. Jahrhundert

Geschützte Schätze

Wenn Sie durch einen hohen, dunklen Wald gehen, dann betreten Sie ein Warenhaus. Es ist gefüllt mit allerlei Köstlichkeiten, zumindest aus der Sicht von Tieren, Pilzen oder Bakterien. Ein einziger Baum enthält Millionen von Kalorien in Form von Zucker, Zellulose, Lignin und anderen Kohlenhydraten. Hinzu kommen noch Wasser und seltene Mineralien. Sagte ich Warenhaus? Besser trifft es der Begriff »Tresor«, denn hier ist mitnichten Selbstbedienung angesagt. Die Tür ist verriegelt, die Rinde dicht, und man muss sich schon etwas einfallen lassen, um an die süßen Schätze zu gelangen. Außer man ist ein Specht.

‹ **Akseli Gallen-Kallela** | *Der große Schwarzspecht* | 1893

Alexis Peyrotte | *Ein Hirtenjunge* | frühe 1740-Jahre

Zuckerverwertung

Für viele Tiere sind Blattläuse ein Segen. Zunächst einmal profitieren weitere Insekten wie Marienkäfer, die genüsslich eine Laus nach der anderen vertilgen. Waldameisen dagegen lieben den Zuckersaft und schlürfen ihn direkt von deren Hinterteil. Um den Vorgang zu beschleunigen, betrillern sie es mit ihren Fühlern, wodurch ein Reiz ausgelöst wird, der die Blattlaus zum Urinieren zwingt. Und damit keine anderen Räuber auf die Idee kommen, solch wertvolle Läusekolonien einfach zu fressen, werden die Tiere von den Ameisen beschützt. Es ist eine regelrechte Kleinviehhaltung, die dort oben in den Baumkronen betrieben wird. Und was die Ameisen nicht verwerten können, bleibt nicht einfach ungenutzt. Der süße Film, der die Vegetation rund um den befallenen Baum überzieht, wird rasch von Pilzen und Bakterien besiedelt. Dabei verfärbt er sich schimmelig schwarz. Unsere Honigbienen nutzen übrigens ebenfalls Blattlausfäkalien. Sie saugen die süßen Tropfen ein, transportieren sie zum Bienenstock, würgen sie dort wieder hervor und verarbeiten sie dann zu dunklem Honigtauhonig. Bekannt als Waldhonig ist er bei Käufern besonders begehrt, obwohl er mit Blüten absolut nichts zu tun hat.

Wer zu gierig ist und zu viel nimmt,
ohne zu geben, der beraubt sich
seiner eigenen Lebensgrundlage
und stirbt aus.

〉 **Theo van Hoytema** | *Schneelandschaft* | 1895

17

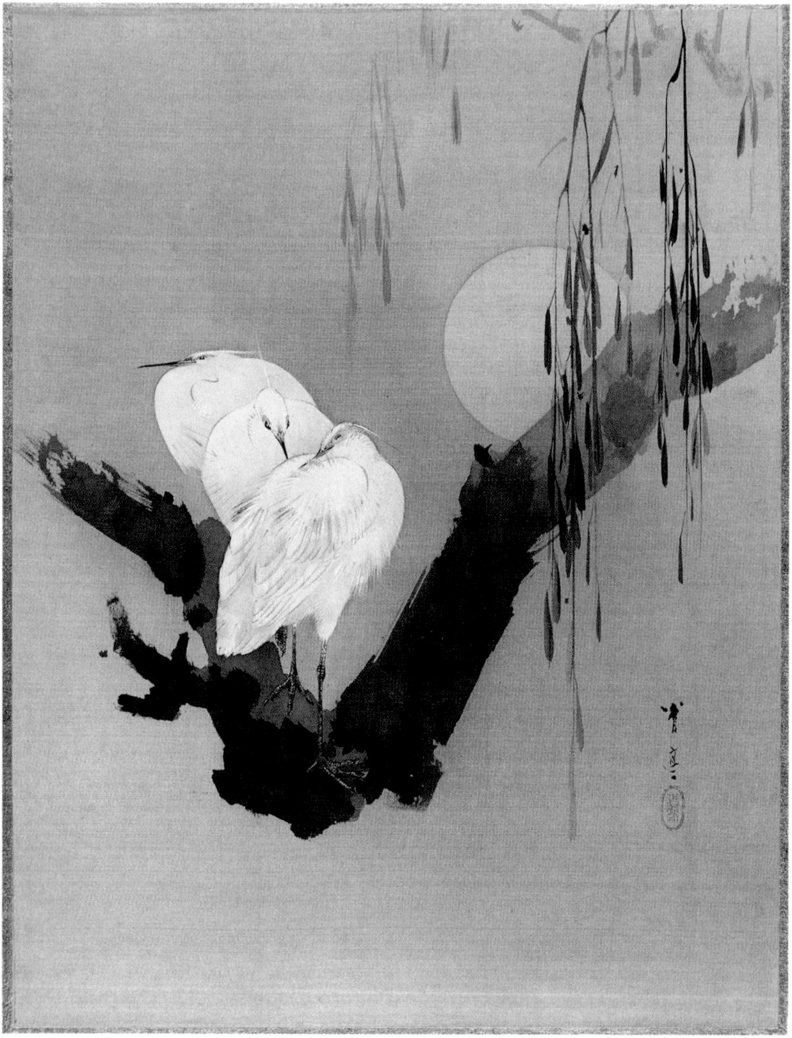

Watanabe Seitei | *Reiher in einem Baum bei Nacht* | 1887

Klangeffekte

Holzfasern leiten Schall besonders gut, und das ist der Grund, warum aus diesem Werkstoff Musikinstrumente wie Geigen oder Gitarren gebaut werden. Wie gut die Leitung funktioniert, können Sie mit einem einfachen Experiment selbst ausprobieren. Legen Sie Ihr Ohr an das dünnere Ende eines gefällten, langen Stamms, und bitten Sie eine zweite Person, am dickeren Ende mit einem Steinchen kleine, vorsichtige Klopf- oder Kratzzeichen zu geben. Das ist durch den Stamm erstaunlich deutlich zu hören, während es still ist, sobald Sie den Kopf wieder entfernen. Dieses Prinzip nutzen Vögel in Baumhöhlen als Alarmanlage. Es sind allerdings keine harmlosen Klopfzeichen, sondern Marder- oder Eichhörnchenkrallen, welche die Geräusche verursachen. Das ist hoch oben im Baum zu hören, und den Vögeln bleibt die Chance zur Flucht.

Jasper Francis Cropsey | *Zerbrochener Baum* | 1850

Bedeutsamkeit des Verrottens

Ein ausfaulender Stamm ist Heimat komplexer Lebensgemeinschaften. So siedeln sich etwa Holzameisen an, die das modrige Holz zernagen und daraus kartonartige Nester bauen. Die Wände durchtränken sie mit Honigtau, den zuckrigen Ausscheidungen der Blattläuse. Auf diesem Substrat gedeihen Pilze, die mit ihrem Geflecht das Nest stabilisieren. Zahllose Käferarten sind auf den Mulm angewiesen, das verrottende Material im Inneren der Höhle. Durch die über Jahre andauernde Entwicklungszeit der Larven brauchen sie langfristig stabile Verhältnisse, also Bäume, die über Jahrzehnte hinweg absterben und somit lange erhalten bleiben. Dadurch bleibt die Höhle für Pilze und andere Insekten attraktiv, die dafür sorgen, dass von oben ständig ein Regen aus Kot und Holzkrümeln in den Mulm rieselt – der Leibspeise spezialisierter Arten.

W. **Herbert Dunton** | *Herbst in den Vorgebirgen* | ca. 1933–34

Winterschlaf

Im Spätsommer liegt eine eigenartige Stimmung über den Wäldern. Kronen haben ihr üppiges Grün gegen ein verwaschenes Gelbgrün eingetauscht. Es scheint, als würden mehr und mehr Bäume müde werden und erschöpft auf das Ende einer anstrengenden Saison warten. Ebenso wie bei uns nach einem arbeitsreichen Tag steht nun eine wohlverdiente Pause an.

Braunbären halten Winterschlaf, Haselmäuse tun dies auch, aber Bäume? Der Braunbär ist als Vergleich sehr gut geeignet, denn er verfügt über eine ähnliche Strategie. Im Sommer und Frühherbst frisst er sich eine dicke Speckschicht an, um im Winter davon zu zehren. Genau dies tun unsere Baumarten auch. Sie fressen natürlich keine Blaubeeren oder Lachse, sondern tanken kräftig Sonne und bilden mit ihrer Hilfe Zucker und andere Reservestoffe.

Es ist immer wieder faszinierend,
das Spiel der Kronen zu sehen
und damit gleichzeitig
die Sozialgemeinschaft und ihre
einzelnen Individuen zu beobachten.

› **William Henry Holmes** | *Blüten* | 1927

W. H. HOLMES
1927

Vincent van Gogh | *Weizenfeld mit Zypressen* | 1889

Sturmumtoste Bäume

In einem intakten Wald ist jeder Stamm anders, weist eine eigene Geschichte und damit auch einen individuellen Holzfaserverlauf auf. Das führt dazu, dass jeder Baum nach der ersten Böe, die alle Bäume gleichzeitig in eine Richtung biegt, unterschiedlich schnell zurückfedert. Schwingen die Kronen hin und her, so schlagen sie aneinander, da sie ja individuell zurückpendeln. Während die eine noch in der Rückwärtsbewegung ist, wiegt sich die andere schon wieder nach vorn. Die Folge ist ein sanfter Aufprall, der bei beiden Bäumen ein Abbremsen bewirkt. Kommt der nächste Windstoß, so sind sie schon fast zum Stillstand gekommen, und der Kampf beginnt von Neuem.

Gustav Klimt | *Buchenwald I* | um 1902

Zeitgefühl, Sehvermögen und Gedächtnis

Der Laubfall im Herbst und der Neuaustrieb im Frühjahr sind in unseren Breiten selbstverständliche Erscheinungen in den Wäldern. Doch bei genauerer Betrachtung ist der Vorgang ein großes Wunder, denn die Bäume benötigen dafür vor allem eines: ein Zeitgefühl. Woher sollen sie wissen, dass es wieder Winter wird oder dass steigende Temperaturen nicht nur ein kurzes Intermezzo sind, sondern den Frühling einläuten? Buchen etwa legen erst dann los, wenn es täglich mindestens 13 Stunden hell ist. Das ist insofern erstaunlich, weil die Bäume dazu über eine Art Sehvermögen verfügen müssen.

Und wie merken Bäume, dass die wärmeren Tage nicht dem Spätsommer, sondern dem Frühling zuzurechnen sind? Es ist die Kombination von Tageslänge und Temperatur, die die richtige Reaktion auslöst. Steigende Temperaturen gehören zum Frühling, fallende zum Herbst – das können Bäume ebenfalls registrieren. Aus diesem Grund passen sich heimische Arten wie Eiche oder Buche auch dem gegenteiligen Rhythmus der Südhalbkugel an. Und etwas anderes wäre damit auch nebenbei bewiesen: Bäume müssen ein Gedächtnis haben. Wie sonst sollten sie innerlich Vergleiche anstellen?

Charaktersache

An der Landstraße stehen drei Eichen. Ihr Abstand ist außergewöhnlich eng: Die hundertjährigen Stämme trennen nur wenige Zentimeter voneinander. Ihre Kronen gehen ineinander über und bilden eine gemeinsame große Halbkugel. Die dicht stehenden Stämme könnten auch aus einer einzigen Wurzel kommen, wie es bei gefällten und dann wieder austreibenden Exemplaren der Fall ist. Dass es sich ganz anders verhält, demonstriert das Kleeblatt im Herbst. Während die rechte Eiche sich schon verfärbt, bleiben die mittlere und die linke noch in vollem Grün. Erst ein bis zwei Wochen später folgen sie ihrer Kollegin in den Winterschlaf. Doch wenn der Standort identisch ist, was kann dann der Grund für das unterschiedliche Verhalten sein? Die rechte ist ein wenig ängstlicher oder positiv ausgedrückt: vernünftiger. Was nutzen zusätzliche Vorräte, wenn man das Laub nicht mehr abwerfen kann und den ganzen Winter über in Lebensgefahr schwebt? Also rechtzeitig runter damit und ab ins Reich der Träume! Die beiden anderen Eichen sind etwas mutiger. Wer weiß, was das nächste Frühjahr bringt, wie viel Kraft eine plötzliche Insektenattacke verschlingt und was danach noch an Reservestoffen übrig ist. Daher bleiben sie einfach länger grün und füllen ihre Tanks unter der Rinde und in den Wurzeln randvoll. Es ist anscheinend tatsächlich Charaktersache, wann ein Baum das Laub abwirft.

〉 **Claude Monet** | *Die Bodmer-Eiche im Wald von Fontainebleau* | 1865

Sandow | *Kiefer* | undatiert

Natürliche Pestizide

Bäume halten stille Reserven zur Abwehr von Schadorganismen bereit. Diese versteckten Reserven können jederzeit aktiviert werden und beinhalten je nach Baumart eine Reihe von Abwehrstoffen, die es in sich haben. Es sind die sogenannten Phytonzide, die eine antibiotische Wirkung entfalten. Der Leningrader Biologe Boris Tokin schrieb, dass, wenn man zu einem Tropfen Wasser, der Urtierchen enthält, einen Tropfen zerriebener Fichten- oder Kiefernnadeln hinzugibt, die Lebewesen in weniger als einer Sekunde tot sind. In der gleichen Schrift beschrieb Tokin, dass die Luft in jungen Kiefernwäldern durch die den Nadeln entströmenden Phytonzide fast keimfrei ist. Bäume können ihre Umgebung also regelrecht desinfizieren.

GB
1883

Vergesslichkeit

Mäuse, Eichhörnchen und Eichelhäher lieben die öl- und stärkehaltigen Samen aus dem Waldboden als Winterverpflegung und legen deshalb Depots an. Manchmal sorgt auch ein hungriger Waldkauz dafür, dass eine Gelbhalsmaus selbst als Mahlzeit endet. Dann bleibt das Depot unangetastet. So leisten die kleinen Nager einen Beitrag zum Baumnachwuchs, wie gering er auch sein mag.

〈 **George Elbert Burr** | *Ohne Titel (Bäume im Schnee)* | 1883

MERTON ABBEY

Optimismus

Ich bin hoffnungsvoll, wenn ich an die Zukunft unserer Wälder denke. Denn gerade auf den großen Kontinenten musste sich jede Art ständig mit Neuankömmlingen auseinandersetzen. Immer wieder brachten Zugvögel und heftige Orkane Samen neuer Baumarten, Pilzsporen oder kleine Tiere in ihrem Gefieder mit. Ein Baum, der 500 Jahre alt wird, hat sicher schon die eine oder andere Überraschung erlebt. Und aufgrund der großen genetischen Vielfalt innerhalb einer Baumart gibt es immer genügend Exemplare, die eine Antwort auf die neue Herausforderung haben. Zudem sind Bäume aufgrund ihrer unglaublichen Lern- und Erinnerungsfähigkeit wie ein Anker im Sturm der Zeit. Sie geben all ihre Erfahrungen per Vererbung an ihren Nachwuchs weiter. Das Einzige, was sie brauchen, ist eine durch Menschen ungestörte Waldgemeinschaft.

〈 **William Morris** | *Fasan* | 1916

Reine Luft

Die Luft ist unter den Bäumen tatsächlich deutlich reiner, denn ihre Blätter und Nadeln stehen im ständigen Luftstrom und fischen große und kleine Schwebepartikel heraus. Bäume filtern aber nicht nur aus, sondern fügen der Luft auch etwas hinzu. Es sind die Duftbotschaften und natürlich auch die Blutdruck senkenden Phytonzide.

Koreanische Forscher untersuchten dabei ältere Frauen, die sie durch den Wald und durch die Stadt laufen ließen. Das Resultat: Bei den Waldspaziergängerinnen verbesserten sich der Blutdruck, die Lungenkapazität sowie die Elastizität der Arterien, während die Ausflüge in die Stadt keine Änderungen bewirkten. Die Phytonzide haben möglicherweise ebenfalls einen günstigen Einfluss auf unser Immunsystem, weil sie Keime abtöten. Ich persönlich meine aber, dass auch der wabernde Sprachcocktail der Bäume einer der Gründe dafür ist, warum wir uns im Wald so wohlfühlen.

‹ **Henri Rousseau** | *Die Ufer der Bièvre bei Bicêtre* | ca. 1908/9

Straßenkinder

Stadtbäume werden gehätschelt und gepflegt, manchmal sogar über eine eigens verlegte Wasserleitung regelmäßig getränkt. In diesem neuen Terrain erleben sie ihr blaues Wunder, denn die Wurzeln von Waldbäumen gehen grundsätzlich nicht sehr tief hinab. Im Wald ist das kein Problem, schließlich kann man als Baum fast grenzenlos in die Breite expandieren. Nicht so am Straßenrand. Hier begrenzt die Fahrbahn das Wachstum; im Gehweg sind es Leitungen und der im Zuge des Einbaus verdichtete Boden.

An solchen Orten tasten sich Platanen, Ahorne oder Linden gerne unterirdisch in Abwasserrohre vor. Dass hierdurch die Funktion des Systems beeinträchtigt wird, merken wir Menschen spätestens beim nächsten Gewitter, wenn anschließend die Straßen unter Wasser stehen. Also untersuchen Spezialisten anhand von Wurzelproben, welcher Baum der Verursacher der Verstopfung ist. Sein Ausflug in das vermeintliche Paradies unter dem Gehweg wird mit dem Tode bestraft – er wird gefällt und sein Nachfolger durch eine eingebaute Wurzelsperre am Nachahmen gehindert.

Doch warum wachsen Bäume überhaupt in die Rohre hinein? Lange Zeit vermuteten städtische Ingenieure, es sei die Feuchtigkeit, die aus undichten Verbindungen sickert, oder die Nährstoffe im Abwasser, die die Wurzeln magisch anziehen. Eine groß angelegte Studie der Ruhr-Universität Bochum kam allerdings zu völlig anderen Ergebnissen. Die Wurzeln in den Rohren wuchsen oberhalb des Wasserspiegels und schienen auch nicht an einer Düngung interessiert zu sein. Es war der lockere Boden, der im Rahmen der Bauarbeiten nicht sorgfältig verdichtet worden war. Hier können die Wurzeln atmen und haben Platz zum Wachsen. Nur nebenbei dringen sie dann in die Dichtungen zwischen den einzelnen Leitungsabschnitten ein und wuchern anschließend innerhalb weiter.

Tosa Mitsuoki | *Blühende Kirsche und Herbstahorn mit Gedichtzetteln* | 1654–81

Sahibdin | *Krishna und Radha in einer Laube: Seite aus einer verstreuten Gita Govinda* | ca. 1665

Farbspektrum

Warum ist die Welt überhaupt bunt? Sonnenlicht ist weiß, und wird es reflektiert, dann ist es ebenfalls weiß. Eigentlich müssten wir also von einer klinisch anmutenden, optisch reinen Landschaft umgeben sein. Dass dies nicht so ist, liegt daran, dass jedes Material in unterschiedlicher Weise Lichtanteile verschluckt oder in andere Strahlung umwandelt. Nur die Wellenlängen, die übrig bleiben, werden zurückgeworfen und beispielsweise von unseren Augen aufgenommen. Die Farbe von Lebewesen und Objekten wird also von der Farbe des zurückgeworfenen Lichts bestimmt. Und bei Bäumen ist dies das Grün.

Henri Rousseau | *Porträt einer Frau in einer Landschaft* | 1890-Jahre

Grüne Schatten

Chlorophyll in Blättern weist eine sogenannte »Grünlücke« auf, und da Blätter nur einen kleinen Teil dieses Farbbereichs nutzen können, strahlen sie den größten Teil davon ungenutzt zurück.

Während viele Farbtöne schon oben in der Krone ausgefiltert werden und beispielsweise Rot und Blau kaum nach unten durchdringen, gilt dies nicht für die »Abfallfarbe« Grün. Weil die Bäume sie nicht brauchen können, dringt davon einiges bis zum Boden durch. Deshalb herrscht im Wald ein grünes Dämmerlicht, das sich übrigens entspannend auf die menschliche Psyche auswirkt.

Ein Leben auf der Kriechspur

Die Hauptursache für unsere Verständnisschwierigkeiten, was Bäume angeht, liegt darin, dass sie so unendlich langsam wachsen. Ihre Kindheit und Jugend dauern zehnmal so lange wie unsere, ihre gesamte Lebensspanne mindestens fünfmal so lange. Aktive Bewegungen wie etwa das Entrollen von Blättern oder das Wachstum von Trieben nehmen Wochen und Monate in Anspruch. Daher scheint es so, als ob Bäume starre Wesen sind, kaum beweglicher als Steine. Kein Wunder, dass viele Zeitgenossen in Bäumen kaum mehr sehen als Gegenstände.

‹ **Paula Modersohn-Becker** | *Mädchen unter Birken* | ca. 1903

Frederic Edwin Church | *Wald auf Jamaika* | 1865

Überwindung der Grenzen zwischen Tieren und Pflanzen

Wir sind Teil der Natur und können nur mithilfe organischer Substanzen anderer Spezies überleben. Diese Notwendigkeit teilen wir mit allen anderen Tieren. Die eigentliche Frage besteht darin, ob wir uns am Ökosystem des Waldes nur im Rahmen unseres tatsächlichen Bedarfs bedienen und – analog zu unserem Umgang mit Tieren – den Bäumen damit unnötiges Leiden ersparen. Das bedeutet, dass es in Ordnung ist, den Wald zu nutzen, solange den Bäumen zugestanden wird, ihre sozialen Bedürfnisse zu erfüllen, in einer echten Waldumgebung in unbelastetem Boden zu wachsen und ihr Wissen an die nächste Generation weiterzugeben. Und zumindest einigen von ihnen sollte erlaubt sein, in Würde alt zu werden und irgendwann eines natürlichen Todes zu sterben.

Die Vielfalt des tierischen Lebens
spielt sich häufig
im Mikrokosmos ab,
der den Waldbesuchern
verborgen bleibt.

Abbott Handerson Thayer und **Richard S. Meryman** |
Pfau im Wald. Studie zum Buch Concealing Coloration in the Animal Kingdom | 1907

名所江戸百景
日暮里寺院の林泉
廣重画

Verbindungen

Wie wichtig sogar die globale Vernetzung von Wäldern mit anderen Naturräumen ist, wird ansatzweise durch eine kleine Geschichte aus Japan deutlich. Katsuhiko Matsunaga, ein Meereschemiker an der Universität von Hokkaido, entdeckte, dass aus dem herabgefallenen Laub Säuren über Bäche und Flüsse ins Meer gespült werden. Dort regen sie das Wachstum von Plankton an, welches der erste und wichtigste Baustein der Nahrungskette ist. Mehr Fische durch Wald? Der Forscher regte Baumpflanzungen in Küstennähe an, die tatsächlich zu höheren Erträgen von Fischerei und Austernzüchtern führten.

〈 **Ando Hiroshige** | *Garten des Tempels in Nippori* | 1857

Bildnachweis

Der Verlag dankt allen Museen, Bibliotheken, Galerien, Fotograf:innen und Künstler:innen für die Abbildungserlaubnis. Sollte trotz aller Bemühungen, sämtliche Rechteinhaber zu ermitteln, versehentlich etwas übersehen worden sein, bittet der Verlag um schnellstmögliche Information.

Cover © Bridgeman Images

1 Metropolitan Museum of Art, New York. Bequest of Collis P. Huntington, 1900. Acc no.: 25.110.6.

2–3 Metropolitan Museum of Art, New York. Harry G. Sperling Fund, 2006. Acc no.: 2006.339.

4 Metropolitan Museum of Art, New York. Gift of Mrs. John A. Rutherfurd, 1914. Acc no.: 14.141.

6 Metropolitan Museum of Art, New York. Purchase, C.G. Boerner Gift, 2008. Acc no.: 2008.264.

16 Metropolitan Museum of Art, New York. Purchase, Morris K. Jesup Fund, Martha and Barbara Fleischman, and Katherine and Frank Martucci Gifts, 1999. Acc no.: 1999.19.

20 Smithsonian American Art Museum, Washington. Transfer from the U.S. National Museum. Obj no.: 1953.3.4.

23 Courtesy National Gallery of Art, Washington. Gift of Mrs. John Alexander Pope. Rosenwald Collection. Acc no.: 1950.1.85.

24 Smithsonian American Art Museum, Washington. Bequest of Olin Dows. Acc no.: 1983.90.236.

26 Kunstmuseum Basel, Switzerland. Acc no.: Inv. 2225.

28 SMK, National Gallery of Denmark, Copenhagen. 1891–2. Inv no.: KMS8914.

30 Metropolitan Museum of Art, New York. Gift of Paul-Yves Sébillot, 1949. Acc no.: 49.114.

32 Metropolitan Museum of Art, New York. Purchase, Joseph Pulitzer Bequest, 1939. Acc no.: 39.81.1.

34 Metropolitan Museum of Art, New York. Harry G. Sperling Fund, 2006. Acc no.: 2006.329.

36 Courtesy Tropenbos International, Bogotá, Colombia. One from series of twelve. © 2009–10.

38 Musée d'Orsay, Paris. Bought with the help of an anonymous Canadian donation, 1980. Inv no.: RF 1980–195.

40 Metropolitan Museum of Art, New York. Purchase, Gift of Raymonde Paul, in memory of her brother, C. Michael Paul, by exchange, 1985. Acc no.: 1985.237.

42 Smithsonian American Art Museum, Washington. Bequest of Mabel Johnson Langhorne. Acc no.: 1956.11.58.

44 Rijksmuseum, Amsterdam. Gift of G.A. de Graag, 1935. Obj no.: RP-P-1935-926.

46 Courtesy Macaulay & Co. Fine Art, Vancouver, BC. Photograph © Barb Choit. The McMichael Canadian Art Collection.

50–51 Art Institute of Chicago. Joseph Winterbotham Collection. Ref no.: 1923.308.
52 Art Institute of Chicago. Sara R. Shorey Endowment. Ref no.: 1996.3.
54 Courtesy Open Art Images. Collection Golestan Palace, Tehran.
56 Metropolitan Museum of Art, New York. Rogers Fund, 1920, transferred from the Library. Acc no.: 1991.1073.44.
59 Metropolitan Museum of Art, New York. Gift of Irwin Untermyer, 1964. Acc no.: 64.101.1305.
60 Smithsonian American Art Museum, Washington. Museum purchase. Acc no.: 1984.48.
62 Metropolitan Museum of Art, New York. Harry G. Sperling Fund, 2009. Acc no.: 2009.406.
64 Smithsonian American Art Museum, Washington. Bequest of Helen Hayes Smith. Acc no.: 2009.31.1.
66 Metropolitan Museum of Art, New York. Harry G. Sperling Fund, 2006. Acc no.: 2006.340.
69 Metropolitan Museum of Art, New York. The Mr. and Mrs. Henry Ittleson Jr. Purchase Fund, 1956. Acc no.: 56.13.
70 Smithsonian American Art Museum, Washington. Gift of Mahonri Sharp Young. Acc no.: 1978.1101.
72 Metropolitan Museum of Art, New York. The Elisha Whittelsey Collection, the Elisha Whittelsey Fund, 2006. Acc no.: 2006.338.
74–75 Metropolitan Museum of Art, New York. Van Day Truex Fund, 2006. Acc no.: 2006.343.
76 Courtesy National Gallery of Art, Washington. Collection of Mr. and Mrs. Paul Mellon. Acc no.: 1985.64.8.
78 Art Institute of Chicago. Margaret Day Blake Collection. Ref no.: 1976.22.
80 The Cleveland Museum of Art. Leonard C. Hanna, Jr. Fund. Acc no.: 1988.19.
82 Metropolitan Museum of Art, New York. Rogers Fund, 1949. Acc no.: 49.30.
85 Cooper Hewitt, Smithsonian Design Museum, New York. Gift of Mrs. F. Hopkinson Smith. Acc no.: 1923–41–25.
86 Metropolitan Museum of Art, New York. Purchase, Barbara and William Karatz Gift and funds from various donors, 2004. Acc no.: 2004.139.
88 Metropolitan Museum of Art, New York. The Harry G.C. Packard Collection of Asian Art, Gift of Harry G.C. Packard, and Purchase, Fletcher, Rogers, Harris Brisbane Dick, and Louis V. Bell Funds, Joseph Pulitzer Bequest, and The Annenberg Fund Inc. Gift, 1975. Acc no.: 1975.268.62, .63.
90 Glenbow Museum Collection, Calgary. Purchased 1955. Acc no.: 139A.
93 Art Institute of Chicago. Clarence Buckingham Collection. Ref no.: 1925.2147.
94 Courtesy the artist and Instituto de Visión, Bogotá, Colombia.
96–97 Metropolitan Museum of Art, New York. Gift of Lyman G. Bloomingdale, 1898. Acc no.: 98.16.
98 Metropolitan Museum of Art, New York. Robert Lehman Collection, 1975. Acc no.: 1975.1.162.
100 Metropolitan Museum of Art, New York. Purchase, Didier Aaron Inc. Gift, 2003. Acc no.: 2003.111.
102 Ateneum Art Museum, Finnish National Gallery, Helsinki. Owner: Suomen Valtio. Photograph © Hannu Aaltonen. Inv no.: A-1996–2.
104 Cooper Hewitt, Smithsonian Design Museum, New York. Gift of Eleanor and Sarah Hewitt. Acc no.: 1921–22–260.

107 Rijksmuseum, Amsterdam. Gift of the Firma Ferwerda en Tieman, 1914. Obj no.: RP-P-1914–4656.

108 Metropolitan Museum of Art, New York. Charles Stewart Smith Collection, Gift of Mrs. Charles Stewart Smith, Charles Stewart Smith Jr., and Howard Caswell Smith, in memory of Charles Stewart Smith, 1914. Acc no.: 14.76.61.42.

110 Art Institute of Chicago. Gift of Jamee J. and Marshall Field. Ref no.: 1997.898.

112 Smithsonian American Art Museum, Washington. Transfer from the U.S. Department of the Interior, National Park Service. Acc no.: 1965.18.36.

115 Smithsonian American Art Museum, Washington. Gift of Dr. Anna Bartsch Dunne. Acc no.: 1962.4.18.

116 Metropolitan Museum of Art, New York. Purchase, The Annenberg Foundation Gift, 1993. Acc no.: 1993.132.

118 Galerie Neue Meister, Dresden. Acquired in 1912 from the Great Art Exhibition in Dresden via the H.O. Miethke Gallery, Vienna, with funds from the Proell-Heuer Foundation. Inv No.: Gal.-Nr. 2479 A.

122–123 Metropolitan Museum of Art, New York. Gift of Sam Salz and Bequest of Julia W. Emmons, by exchange, 1964. Acc no.: 64.210.

124 Smithsonian American Art Museum, Washington. Transfer from the U.S. Department of the Interior, National Park Service. Obj no.: 1969.64.10.

126 Smithsonian American Art Museum, Washington. Bequest of Carolann Smurthwaite, in memory of her mother, Caroline Atherton Connell Smurthwaite. Obj no.: 1983.83.45.

128 Birmingham Museums, Birmingham, UK. Photo by Birmingham Museums Trust. Obj no.: 1947M55.

130 Metropolitan Museum of Art, New York. Gift of Marshall Field, 1939. Acc no.: 39.15.

134–135 Art Institute of Chicago. Kate S. Buckingham Endowment. Ref no.: 1977.156–157.

136 Metropolitan Museum of Art, New York. Gift of Ernest Erickson Foundation, 1988. Acc no.: 1988.103.

138 The Barnes Foundation, Philadelphia. Acc no.: BF260.

140 Museum voor Schone Kunsten Gent, Belgium. Bequest of Tony Lasnitzki, 1991. Inv no.: 1991-I.

142 Cooper Hewitt, Smithsonian Design Museum, New York. Gift of Louis P. Church. Acc no.: 1917–4–679–c.

145 Smithsonian American Art Museum, Washington. Gift of the heirs of Abbott Handerson Thayer. Acc no.: 1950.2.11.

146 Art Institute of Chicago. Gift of Mr. and Mrs. Harold G. Henderson. Ref no.: 1965.1015.

151 The New York Public Library. The Miriam and Ira D. Wallach Division of Art, Prints and Photographs: Picture Collection. ID no.: 1704192.

〉 **Arthur Rackham** | *Feen verstecken sich mehr oder weniger bis zur Dämmerung* | 1913

Mit diesem Buch wird das Buchen-UrwaldProjekt von Wohllebens WALDAKADEMIE in der Eifel unterstützt.
Von Natur aus wäre Deutschland zu über 90 Prozent von Wald bedeckt, der größte Teil davon Buchen- oder Buche/Eichen-Mischwälder. Alte Buchenwälder sind die Regenwälder Europas, und ähnlich wie in den Tropen ist es auch um sie sehr schlecht bestellt. Buchenwälder ab Alter 180 haben nur noch einen Anteil von 0,16 Prozent an der Landfläche. Die Buchenwälder des UrwaldProjekts werden konsequent geschützt und für kommende Generationen erhalten. In dem Wald-Schutzgebiet in der Eifel wird auf natürliche Weise CO_2 in alten Wäldern gespeichert und somit das Klima entlastet. Gleichzeitig übernimmt das Projekt auch eine wichtige Rolle im Erhalt der Biodiversität.

WALDRETTER – WIR SCHÜTZEN WALD

MEHR INFOS ÜBER UNSER ENGAGEMENT
wohllebens-waldakademie.de/heyne-verlag

Durch das Einscannen dieses QR-Codes gelangen Sie auf die Website von Wohllebens WALDAKADEMIE und können den Buchen-Urwald, den Sie mit dem Kauf dieses Buches schützen helfen, live erleben.

FSC
www.fsc.org
MIX
Papier | Fördert gute Waldnutzung
FSC® C004378

Penguin Random House Verlagsgruppe FSC® N001967

Deutsche Erstausgabe 11/2024
Diese Ausgabe basiert auf dem Buch
»Das geheime Leben der Bäume« von Peter Wohlleben,

Idee und Konzept zu *Weisheiten aus*
»Das geheime Leben der Bäume«: Greystone Books

Redaktion: Angelika Lieke
Mitarbeit: Barbara Häusler
Umschlaggestaltung & Layout: Eisele Graphik-Design, München
unter Verwendung eines Motives von © Bridgeman Images
Satz: satz-bau Leingärtner, Nabburg
Druck und Bindung: PBtisk, a.s., Příbram
Printed in Czech Republic
ISBN: 978-3-453-28177-6

www.Ludwig-Verlag.de